SYSTÈME
PROPULSEUR TEISSIER

A RAMES VERTICALES ARTICULÉES

APPLICABLE A LA NAVIGATION A VAPEUR

MARITIME ET FLUVIALE

BREVETÉ EN FRANCE,

DANS LE ROYAUME DE LA GRANDE-BRETAGNE, AUX ÉTATS-UNIS,
EN RUSSIE, EN BELGIQUE, EN HOLLANDE, EN PRUSSE, AU HANOVRE, EN SAXE,
EN BAVIÈRE, EN SUÈDE, EN DANEMARK,
EN AUTRICHE, EN ESPAGNE, EN PORTUGAL, AUX ÉTATS-ROMAINS,
AUX DEUX-SICILES, EN PIÉMONT.

PARIS
IMPRIMERIE DE H. FOURNIER ET Cie
RUE SAINT-BENOIT, 7

1845

SYSTÈME PROPULSEUR TEISSIER,

A RAMES VERTICALES ARTICULÉES,

APPLICABLE A LA NAVIGATION A VAPEUR,

MARITIME ET FLUVIALE,

BREVETÉ EN FRANCE,

DANS LE ROYAUME DE LA GRANDE-BRETAGNE, AUX ÉTATS-UNIS,
EN RUSSIE, EN BELGIQUE, EN HOLLANDE, EN PRUSSE, AU HANOVRE,
EN SAXE, EN BAVIÈRE, EN SUÈDE, EN DANEMARK,
EN AUTRICHE, EN ESPAGNE, EN PORTUGAL, AUX ÉTATS ROMAINS,
AUX DEUX-SICILES, EN PIÉMONT.

Depuis qu'on a cherché à appliquer la vapeur à la navigation, on a proposé et mis à exécution bien des systèmes de propulsion. A considérer les essais multipliés qui ont été tentés partout, à voir le grand nombre des brevets et patentes qui ont été demandés pour cet objet dans les divers pays, on a à peine la mesure de l'importance qui y est universellement attachée et du degré d'attention que n'ont cessé d'y apporter les esprits les plus sérieux.

Si tous ces efforts n'ont pas encore amené de résultat satisfaisant; si, en un mot, le problème n'est pas complétement résolu par les systèmes appliqués jusqu'à ce jour, on n'en reste que plus convaincu de la pressante nécessité d'arriver enfin à sa solution.

Il sera superflu de faire l'historique de tous les projets, de tous les systèmes de propulseurs qui ont été successivement proposés depuis près d'un siècle; qu'il nous suffise de rappeler les deux modes de propulsion en usage: le plus ancien, celui des roues à aubes qui est presque généralement adopté, et le plus récent, celui des hélices ou vis d'Archimède.

C'est en présence de ces deux systèmes que se trouve le nôtre. Pour l'apprécier, il est essentiel d'en donner d'abord une description détaillée, qui permettra ensuite de comparer sa fonction et ses effets à ceux des roues à aubes et des hélices.

DESCRIPTION DU PROPULSEUR A RAMES ARTICULÉES,

SYSTÈME TEISSIER,

REPRÉSENTÉ SUR LA PLANCHE CI-JOINTE.

Le propulseur Teissier consiste en un certain nombre de rames ou palettes suspendues verticalement dans l'eau, et formées chacune de deux ailes mobiles assemblées à charnière, de manière à s'ouvrir ou à se fermer successivement, suivant l'action ou l'effet qu'elles ont à produire, l'ouverture et la fermeture des ailes s'effectuant naturellement par la seule résistance de l'eau. Les rames se placent à l'arrière du navire ou sur tous autres points combinés ou séparés, selon que le service pourrait l'exiger. Dans l'un ou l'autre de ces cas, on les dispose de manière à agir alternativement et toujours deux par deux; de telle sorte que si elles sont au nombre de huit, par exemple, on les place aux quatre angles d'un carré inscrit dans le cercle décrit par les manivelles qui leur impriment un mouvement circulaire alternatif. Il résulte de cette disposition particulière que sur les huit rames, six sont continuellement en action pour déterminer la marche du navire.

Le dessin ci-joint fera facilement comprendre la disposition et le jeu des rames : la figure 1 est un plan général du système et du mécanisme du propulseur; la figure 2 est une section verticale et longitudinale faite par le milieu du navire à vapeur sur lequel le sytème est supposé appliqué et vu en élévation; la figure 3 est une vue par le bout du bateau et une vue de face des rames projetées suivant leur position respective.

En examinant ces figures, on reconnaît que tout le propulseur se place à l'arrière du bâtiment, de telle sorte que les rames se trouvent entièrement à l'extérieur, au delà même du gouvernail, et complétement noyées, quelles que soient d'ailleurs les positions qu'elles occupent dans leur mouvement.

Chaque rame se compose de deux ailes ou volets *a* assemblées à charnière, comme le montrent les détails, fig. 4 et 5, qui représentent l'une de ces rames vue de face et de profil. Portés par une forte branche de métal *b* qui reste toujours dans un plan vertical, ces volets peuvent pivoter d'un côté de celle-ci, sans dépasser une certaine limite, c'est-à-dire sans pouvoir jamais décrire plus d'un angle droit, de manière que lorsqu'ils sont complétement ouverts, ils se trouvent dans un même plan (voir la section horizontale fig. 6); et quand au contraire ils sont totalement fermés, ils deviennent parallèles entre eux, comme l'indique la fig. 7. Les différentes branches *b* sont suspendues sur des axes indépendants *c* qui sont mobiles dans des paliers ou supports *d* placés à l'intérieur du navire. Ces branches se prolongent au-dessus de leurs axes pour se relier par articulations avec de longues bielles qui s'avancent afin de s'assembler avec les manivelles des arbres coudés *f* dont elles reçoivent leur mouvement en transformant leur rotation continue en circulaire alternatif. La figure 2 montre bien comment sont dirigés les coudes ou manivelles des deux arbres moteurs; ils sont à angle droit suivant deux diamètres perpendiculaires l'un sur l'autre, de telle sorte que lorsque les deux manivelles extrêmes, par exemple, celles qui sont les plus éloignées et marquées n° 1, occupent la position horizontale de gauche, les rames correspondantes se trouvent dans la partie inclinée vers la droite de la planche; pendant ce temps les deux manivelles diamétralement opposées n° 3, celles qui occupent la direction de droite font prendre à leurs rames la position inclinée vers la gauche, elles achèvent leur mouvement dans cette direction; les deux manivelles n° 2 comprises entre les précédentes sont dans la position verticale supérieure, et les rames n° 2 auxquelles elles communiquent leur mouvement, sont elles-mêmes verticales et entièrement ouvertes, parce que, manœuvrant en sens contraire du navire, elles présentent toute leur surface à l'eau. Enfin les deux manivelles les plus rapprochées du moteur, celles n° 4, sont aussi verticales, mais dans la direction opposée à celle des deux précédentes n° 2 ; leurs rames sont alors également verticales, mais totalement fermées, parce qu'elles reçoivent en ce moment un mouvement qui est exactement dans le sens de la marche du bâtiment; par conséquent, elles ne doivent présenter qu'une résistance insensible.

Ainsi, par cette disposition, en imprimant aux deux arbres moteurs *f* un mouvement de rotation dans le sens indiqué par la flèche fig. 2, chaque rame, des deux côtés de la ligne d'axe du bâtiment, vient successivement occuper les positions que montre le dessin et toutes les positions intermédiaires; par suite il y en a toujours six ouvertes et agissant utilement.

Il n'existe donc aucune interruption dans la propulsion, le mouvement se produit d'une manière continue comme dans un navire muni de roues à aubes ou d'hélices. Cette disposition présente enfin l'avantage de réunir la puissante efficacité des rames à l'action rotative des aubes et de l'hélice.

Le moteur à vapeur, qui n'est représenté sur le dessin que par les deux cylindres inclinés C, que l'on suppose osciller sur des tourillons et communiquant directement le mouvement de leurs pistons aux arbres coudés, se place au milieu de la largeur du navire et le plus près possible de l'arrière. La course des pistons est combinée de manière à transmettre à ces arbres une vitesse de rotation convenable pour déterminer la marche des rames directement, sans aucun intermédiaire d'engrenage, de courroies, ou d'autres combinaisons de mouvement, que les tringles qui relient les coudes ou manivelles au sommet des branches par lesquelles ces rames sont tenues en suspension dans l'eau.

Pour déterminer, quand il est nécessaire, la marche en arrière du navire, on fait l'application de rames additionnelles *a* qui, par exemple, placées au milieu de l'espace existant entre les premières, sont disposées de manière à s'ouvrir en sens contraire de celles-ci, c'est-à-dire qu'elles s'ouvriraient lorsque les précédentes se fermeraient, et réciproquement.

Afin que ces rames additionnelles agissent seules, et que leur effet ne soit pas détruit par les autres, on arrête le moteur de celles-ci; puis on met en fonction un moteur spécial M. Comme ces dernières ne doivent marcher que dans des cas tout à fait exceptionnels, et par suite imprimer au navire peu de vitesse, on conçoit qu'elles seront toujours suffisantes pour produire ce travail. Lorsque ces deux rames ne doivent pas fonctionner, on arrête également leur moteur, puis on les enlève hors de l'eau, ou on les laisse pendre verticalement, dans leur position fermée, pendant tout le temps que les autres sont en activité. Le système des rames ou grandes palettes peut également être relevé hors de l'eau, ou rester suspendu sans fonction, quand on le juge utile; par exemple, lorsque l'on veut marcher uniquement à l'aide des voiles.

Enfin cette disposition de rames articulées, combinées avec les coudes ou manivelles, se prête aisément à la condition de marcher, au besoin, simultanément à la voile et à la vapeur; elle permet également de marcher complétement à la voile, sans faire mouvoir les machines.

Les systèmes de moteurs à vapeur que l'on peut appliquer à la mise en action de ce propulseur sont nécessairement variables suivant la nature et la force du bâtiment, comme suivant la disposition que l'on voudra adopter dans le placement des rames à l'avant, à l'arrière ou sur les côtés du navire; les dimensions et l'amplitude des rames varient aussi selon les circonstances, et leur manœuvre peut, au besoin, tenir lieu de gouvernail.

COMPARAISON DU PROPULSEUR,

SYSTÈME TEISSIER,

AVEC LES PROPULSEURS APPLIQUÉS AUX BATIMENTS A VAPEUR.

Nous avons dit que les roues à aubes et les hélices ou vis d'Archimède sont les seuls propulseurs adoptés par l'usage; c'est donc de ces derniers que nous nous occuperons pour les comparer à notre nouveau mode de propulsion.

1°. APPLICATION DES ROUES A AUBES AUX NAVIRES A VAPEUR.

Sauf la position directe sur l'arbre moteur, l'emploi des roues à aubes comporte de grands inconvénients, parmi lesquels on peut citer :

1° La construction indispensable de bâtiments spéciaux, et le changement du système ordinaire de voilure, d'agrès et d'armement ;

2° Le grand emplacement occupé par les roues de chaque côté du navire ; le grand diamètre des tambours qui donne prise à l'action du boulet en cas de guerre, etc. ;

3° Sur les rivières et canaux, les roues à aubes augmentent tellement la largeur du bateau, qu'elles deviennent souvent inapplicables et qu'elles détruisent rapidement les berges ;

4° Leur position sur le côté du navire est extrêmement défavorable dans un grand nombre de circonstances, entre autres dans les gros temps de mer ; souvent il arrive qu'une roue est complétement hors de l'eau, tandis que l'autre est entièrement noyée, et leur effet est totalement détruit : circonstance qui n'amène que trop souvent les événements les plus déplorables, etc. ;

5° Dans les cas de réparation ou de dérangement dans les machines, ou encore d'épuisement complet de combustible, on est obligé de soutenir la marche du bâtiment par le secours si insuffisant de sa voilure ; mais les aubes des roues fixes opposent un obstacle considérable à cette marche, par l'eau qu'elles refoulent devant elles, ce qui rend souvent le gouvernail sans effet. Or, comme les accidents arrivent de préférence lorsque la mer est orageuse, le navire présente bientôt son travers aux vagues et se trouve abandonné à toute leur fureur.

Des expériences sérieuses faites sur *le Vautour,* navire à vapeur de la marine royale française, de la force de 160 chevaux, par M. Mangeon, ingénieur chargé de la conduite de ce navire, ont démontré qu'à conditions égales et poussé par un bon vent, la marche du navire, avec ses aubes fixes, n'est, terme moyen, que le tiers environ de celle du même bâtiment sans aubes. Ce résultat fait voir combien est grande la résistance présentée par les roues à aubes fixes, etc., etc.

2°. APPLICATION DES HÉLICES OU VIS D'ARCHIMÈDE aux bâtiments à vapeur.

En présence des inconvénients qui viennent d'être signalés dans l'emploi des roues à aubes, on a cherché à leur substituer des hélices, ou vis d'Archimède, qu'on applique de diverses manières, soit sur les côtés, soit à l'arrière du navire; mais ces propulseurs présentent eux-mêmes bien des inconvénients dont voici les principaux :

1° L'hélice n'étant pas, dans la plupart des cas, commandée directement comme les roues à aubes, exige l'emploi de roues d'engrenage et de pignons, d'où résultent une déperdition de force pour vaincre les frottements, et un bruit désagréable; d'ailleurs il est dangereux pour la mer de se servir d'engrenages, et les courroies ou les cordes, ou chaînes, sont elles-mêmes défavorables;

2° Le mouvement de trépidation que l'on ressent à l'arrière;

3° L'usure rapide des coussinets de l'arbre de la vis en raison de sa grande vitesse;

4° La vitesse excessive à imprimer au piston demande une chaudière proportionnellement plus vaste pour la même force de machine;

5° La résistance qu'oppose à la marche la vis même désembrayée, lorsqu'on ne peut la retirer, en mettant sous voiles;

6° Les difficultés que présente sa construction, et que l'on éprouve parfois pour mettre la vis en place ou la retirer, opération qui peut n'être pas toujours praticable et sans danger, avec l'embarras de la conserver sur le pont;

7° La crainte de voir l'appareil brisé par la rencontre des hauts-fonds;

8° L'inconvénient d'avoir une ouverture sous l'eau pour le passage de l'arbre, etc., etc.

3°. APPLICATION DU SYSTÈME TEISSIER.

Ce propulseur ne présente aucun des inconvénients reprochés aux roues à aubes, et à raison de la répartition de ses rames verticales autour de l'arbre môteur, son mouvement peut être rendu aussi continu que celui des roues à aubes et de l'hélice.

Les rames se repliant sur elles-mêmes présentent une résistance peu sensible à la marche à voiles du bâtiment, résistance qui est notable avec les roues à aubes et l'hélice. Leur application ne nécessite pas, comme pour l'hélice, une ouverture sous l'eau pour le passage de l'arbre, et leurs avantages généraux sont les suivants :

1° Par leur position à l'arrière du navire, elles plongent complétement dans l'eau et se trouvent ainsi à l'abri du boulet;

2° Elles ne nécessitent aucun changement dans la voilure, les agrès et l'armement des bâtiments ordinaires;

3° Appliquées aux bateaux qui doivent naviguer sur les rivières et sur les canaux, elles ne détruisent en aucune manière les berges, et elles permettent d'augmenter proportionnellement les dimensions du bateau;

4° Elles peuvent fonctionner utilement, quelle que soit l'inclinaison du navire dans les gros temps de mer;

5° Elles permettent de marcher simultanément avec les voiles, et peuvent cesser toute fonction, lorsqu'on veut se servir des voiles seulement; elles permettent de convertir rapidement le navire à vapeur en bâtiment à voiles, et pourraient au besoin servir de gouvernail;

6° Par la suppression des tambours des roues, on évite l'inconvénient de donner prise au vent et à la mer, puis on rend les batteries libres;

7° Le bâtiment étant dégarni de sa voilure et de ses agrès peut encore manœuvrer, quel que soit l'état de la mer et malgré les vents contraires;

8° Le système d'application des rames verticales articulées est tel, que la quantité dont elles plongent varie à volonté et selon le chargement du navire, de telle sorte que l'action des rames augmente proportionnellement au tirant d'eau;

9° Dans des circonstances données, et notamment pour la navigation fluviale, on peut répartir les rames sur tout le pourtour du navire, afin de multiplier ainsi les moyens de propulsion.

OBSERVATIONS

SUR LA FONCTION DES ROUES A AUBES, DES VIS OU HÉLICES, ET DU PROPULSEUR TEISSIER.

1° Les aubes des roues agissant obliquement dans l'eau, leur action se décompose en deux forces, l'une verticale et sans effet sur le mouvement de translation du bâtiment, l'autre horizontale et dans la direction de ce mouvement.

Mais une partie de la force horizontale est seule utilisée pour faire avancer le navire; une autre partie de cette même force est perdue par le mouvement en arrière de la roue dans l'eau, à cause de l'excès de vitesse moyenne ou au centre de pression des aubes, sur la vitesse de sillage du navire. Ainsi, des deux forces qui résultent de la décomposition de l'action des aubes, dites fixes, sur l'eau, une partie seulement de l'une de ces forces est utilisée.

2° Dans la fonction de l'hélice, il y a deux effets : l'un direct faisant avancer le navire, l'autre latéral tout à fait inutile et désavantageux à la force motrice et à la marche du bâtiment. Il devient, par cette raison, nécessaire, pour produire le même effet avec l'hélice qu'avec les roues à aubes, d'avoir une machine beaucoup plus puissante.

3° Dans l'application du propulseur Teissier, les rames plongeant verticalement dans l'eau et présentant ainsi toute leur surface normalement à la marche du navire, on doit présumer que toute leur action ou au moins la plus grande partie de cette action se trouve utilisée. En se refermant sur elles-mêmes, ces rames n'offrent qu'une faible résistance peu appréciable.

Le raisonnement fait donc prévoir qu'à force égale de moteur et de même construction de navire, les rames articulées devront transmettre une vitesse sensiblement plus grande que les roues à aubes et à plus forte raison que les hélices, ou permettre au bâtiment de porter des charges plus considérables.

EXAMEN COMPARATIF

DES DIMENSIONS A DONNER AUX RAMES OU PALETTES

DU PROPULSEUR DE M. TEISSIER,

D'APRÈS CELLES DES AUBES FIXES DES ROUES.

La détermination des surfaces comparatives à donner aux aubes des roues et aux rames articulées du nouveau propulseur est importante; car le rapport entre ces dimensions, pour une même force, établira l'avantage de l'un ou l'autre système.

La surface des aubes des roues, dites à aubes fixes, déduite de plusieurs bâtiments à vapeur des marines française et anglaise, est en moyenne de 30 décimètres carrés par force de cheval vapeur.

Or, le système de rames articulées ne devra pas évidemment exiger autant de surface que ces aubes, puisque toute leur action a presque toujours lieu verticalement. En effet, on a reconnu qu'en faisant la vitesse de la roue ordinaire égale à 4 et la vitesse du bâtiment égale à 3, ce qui est généralement le rapport moyen, la résistance moyenne de l'aube, parcourant tout l'arc submergé, est à la résistance de celle qui est verticale comme 1,75 : 1.

Dans les grands navires de 200 chevaux et au-dessus la circonférence totale de la roue contenant 16 aubes et l'arc parcouru étant de 88 degrés, on peut considérer qu'il y a 3,5 aubes qui agissent et que la puissance de la machine exercée sur l'aube verticale égale 0,151, la puissance totale étant 1. Dans les bâtiments plus petits, il n'y a guère que trois aubes, et la puissance exercée sur l'aube verticale est de 0,197.

On peut admettre par prévision, sans crainte d'inexactitude ou d'exagération, que la moyenne de résistances, sur les palettes articulées Teissier, doit être de 0,75 à 0,80, soit seulement 0,75 ; on trouve alors que la surface à donner à ces rames ne serait pas plus de 4 décimètres carrés par force de cheval, ce qui revient à dire que pour des bâtiments de même construction et de même force recevant, l'un, les roues à aubes ordinaires, l'autre, les rames verticales articulées du système Teissier, il faudrait donner, par force de cheval vapeur, aux aubes fixes, une surface de 30 décimètres carrés pour avoir une surface réduite plongée de 6 décimètres carrés 50, et aux rames verticales articulées qui restent constamment plongées, une surface de 5 décimètres carrés 2, pour avoir une surface utile de 4 décimètres carrés, ce qui donne pour les deux systèmes les rapports de surface utile 6,50 : 4. Ainsi, à conditions égales, la surface réduite utile des aubes doit être de 6,50 décimètres carrés par force de cheval, tandis que pour la même force la surface des rames articulées du système Teissier ne porterait que 4 décimètres carrés.

CONCLUSION.

Ce mémoire comprend : la description détaillée du propulseur à rames verticales articulées de M. Teissier; l'examen comparatif des avantages et des inconvénients attachés aux roues à aubes, aux hélices et à ce nouveau mode de propulsion ; la fonction organique de ces propulseurs et leurs dimensions comparatives pour produire le même effet utile.

Toutes ces considérations tendent à faire ressortir les avantages marqués du propulseur Teissier sur les systèmes en usage ; et c'est en raison des services qu'il est appelé à rendre à la navigation en général, que nous avons jugé utile de soumettre ce mémoire à l'attention de toutes les nations.

TEISSIER ET Cie.

Paris, juillet 1845.

IMPRIMERIE DE H. FOURNIER ET Ce, RUE SAINT-BENOÎT, 7.

Fig. 2.

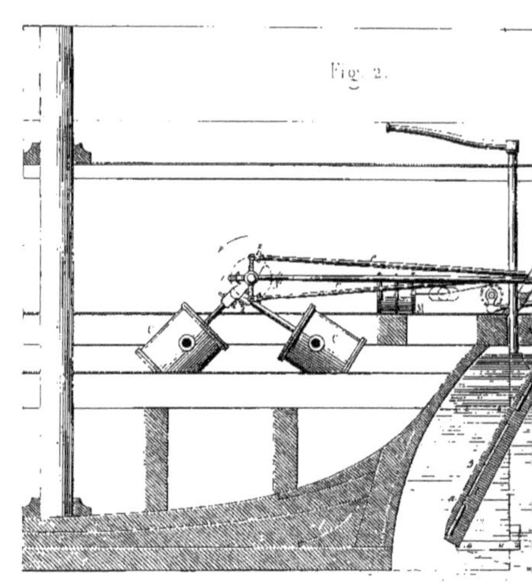

Fig. 1.

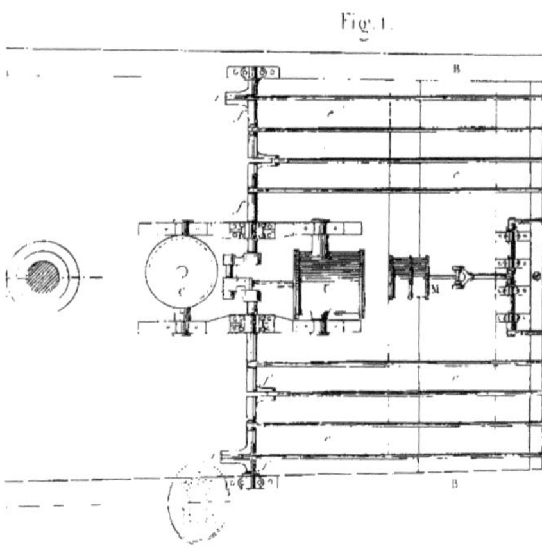

Dulos sculp

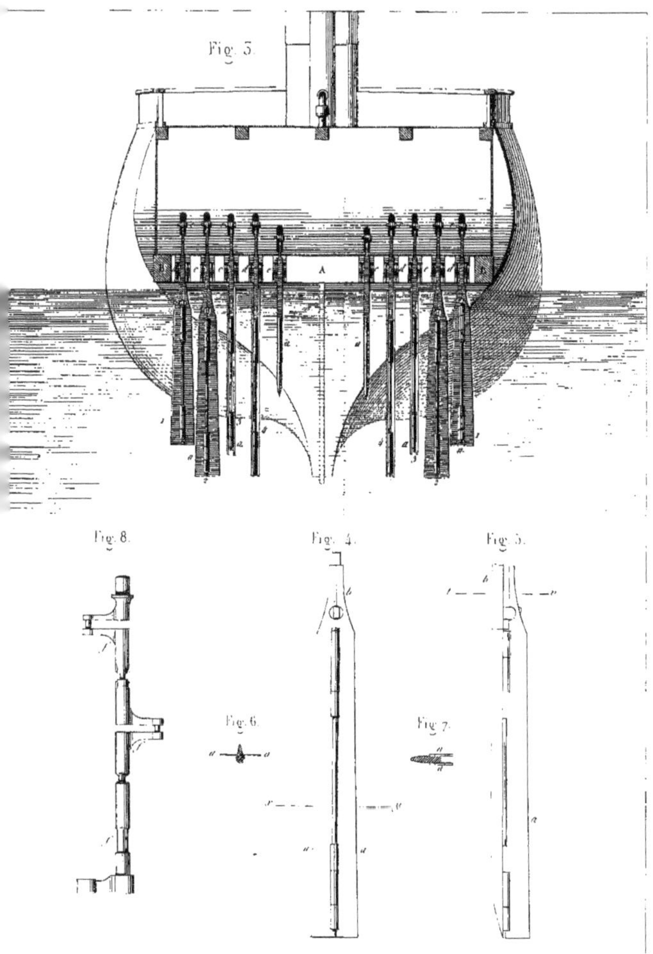

Armengaud f.res del

www.ingramcontent.com/pod-product-compliance
Ingram Content Group UK Ltd.
Pitfield, Milton Keynes, MK11 3LW, UK
UKHW020407250726
13967UKWH00006B/2510